ねぇ知ってる？

いきものはすんでいる環境によって
進化を重ねてきたんだって！
でも、そんないきものたちの生態にはクスっと笑えて、
ちょっぴりおマヌケなひみつがたくさん！
みんな前向きにがんばっているから、
私は思わず「どんまい！」って
応援したくなっちゃうんだ。

そんな「どんまいないきもの」たち、

私と一緒に見に行かない？
きっとみんなもいきものたちを応援したくなるはずだよ。
「どんまい！　それでも、がんばれ！」
ってね！

マイコちゃん

小学3年生の女の子。
豊かな自然がいっぱいの
「どんまい小学校」に通っている。
いきものが大好きで、
将来の夢はいきもの博士。

はじめに

「どんまい」と聞くとどんなことを思い描きますか？　もしかして、ネガティブなイメージ？　いえいえ、「**どんまい（don't mind! ＝気にしないで！）**」にはポジティブな意味合いが含まれているんです。

私たちのまわりにいるいきものの生態には「どんまい」な一面が隠されています。**一生懸命だけど、どこか惜しい……**。そのひたむきに生き抜く姿には思わず「どんまい、それでもがんばって！」とエールを送りたくなります。

いきものたちは進化の過程で、それぞれの環境に適応し、姿や習性を変えながら今日まで生き延びてきました。今回、この本に載っているいきものたちはどれも、みなさんが会いにいける、**身近なのに不思議**ないきものたちばかりです。

好奇心旺盛なみなさんと同じく、いきものが大好きなこの本の主人公マイコちゃんと一緒に、彼らのどんまいすぎる生態のひみつに迫ってみましょう。そして、実際に会いに行ってみましょう。

どんまいないきものたちはみんな、シビアな世の中を生き抜くための**すさまじい努力と変化**のただ中にいる、愛すべき存在なのですから。

もくじ

第6章 動物園で会えるどんまいないきもの

第7章 もう会えなくなるかもしれないどんまいないきもの

それでもがんばる!
どんまいな
いきもの図鑑(ずかん)
今泉忠明
監修
ZOO
宝島社

第1章 そのへんで会える どんまいないきもの

私たちのお家の近くには、たくさんのいきものがいます。
ふだんはそんなに注目することはないかもしれませんが、
私たちが見慣れているいきものにも、どんまいな一面がたくさんあります！

どんまい度 ★★☆

ネコは貝を食べると耳が落ちちゃう!?

みなさんがペットとして飼っているネコや野良猫は、じつは「イエネコ」という種類に分けられます。野良なのに〝イエ(=家)〟ネコなんて不思議ですね。

どのネコでもお魚を食べるのが好きなことから貝類も好きなのでは？ と思いがちですが、**ネコにとって貝はとっても危険！** 例えば、アワビやサザエ、トリガイ、トコブシなどの内臓に入っているピロフェオホルバイドaという**毒成分**が血液に混ざると、ネコは光線過敏症という病気になってしまいます。光線過敏症になって太陽の光を浴びると、一番毛が薄い耳の部分が皮膚炎になり、**ひどくなるとネコの耳が真っ赤に爛れてしまうことも……**。

古い言い伝えで「アワビを食べると耳が落ちる」とありますが、あながち間違ってはいないのです。ネコにとっては、貝を食べるか、耳をとるかの究極の選択なのかもしれません。とはいえ、ネコを飼っている人はくれぐれも貝をあげないように！

［いきものデータ］

ネコ

生息地	世界中、人間のいるところに分布
大きさ	50～60㎝
重さ	2.25～6.0kg

わあ、耳が赤くなっちゃうなんて……！
ネコちゃんはおいしいチョコレートも
食べちゃいけないんだよね。どんまい！

イヌのおしっこの方向にはこだわりがある!?

きっと誰もイヌのおしっこについて本気を出して考えたことなんてないでしょう。

イヌの行動と磁場（地球の内部に流れている電気のこと）の関係について調べた最近のおもしろい研究（※）があります。

イヌのリードを外し、何もない広い空間で、37種類70匹のイヌがおしっこをする様子を約2年間、観察しました。それは、なんとイヌのうんこ1893回分とおしっこ5582回分！　イヌのおしっこと本気で向き合う大人がいたのです。

この研究から磁場の動きが静かなときほど、イヌは南北のどちらかを向いておしっこをすることが多いということが判明。なぜ南北なのでしょうか？　まだまだ研究が必要です。とはいえ、本能でなぜか南北を向いておしっこをするイヌ。その〝おこだわり〟、どんまい！

［いきものデータ］

イヌ（世界全体で数百種の品種が存在）

生息地	世界中
大きさ	7.3～253cm
重さ	0.45～133kg

※チェコ生命科学大学とドイツのデュースブルク・エッセン大学の研究者からなるチームの研究より。

44

なんで南北だけなのかなあ?
私のお家で飼っているワンちゃんも
観察してみよーっと!

どんまい度 🐱

ミミズは超前向き

雨が降った後、地上でミミズを見かけることはありませんか？　これは、雨が降ると土の中の空気がなくなり、地上に出てくるためです。ミミズはその姿形から嫌われがちですが、じつは落ち葉や生ごみを食べて、土をいい土に変えてくれるとってもイイヤツなのです。

パッと見、ミミズの体はツルツルに見えますが、じつはすべりどめの役割のある剛毛という頑丈な短い毛が生えています。この剛毛を地面に鉤爪のように引っ掛けて歩いているのです。

この剛毛、前方に向かって少し曲がって生えているせいもあり、ミミズは前にしか進むことができません。後ろに進みたくても、バックができないのです！「後ろを見ずに、前進あるのみ！」なんて、考え方によってはミミズはとってもポジティブないきものですよね。

そういうわけで、頭としっぽの見分けがつきにくいミミズですが、進んでいる方向にあるのが頭ということになります。

［いきものデータ］

フトミミズ

生息地	陸上、土の中
大きさ	9〜12cm
重さ	0.7〜7.5g

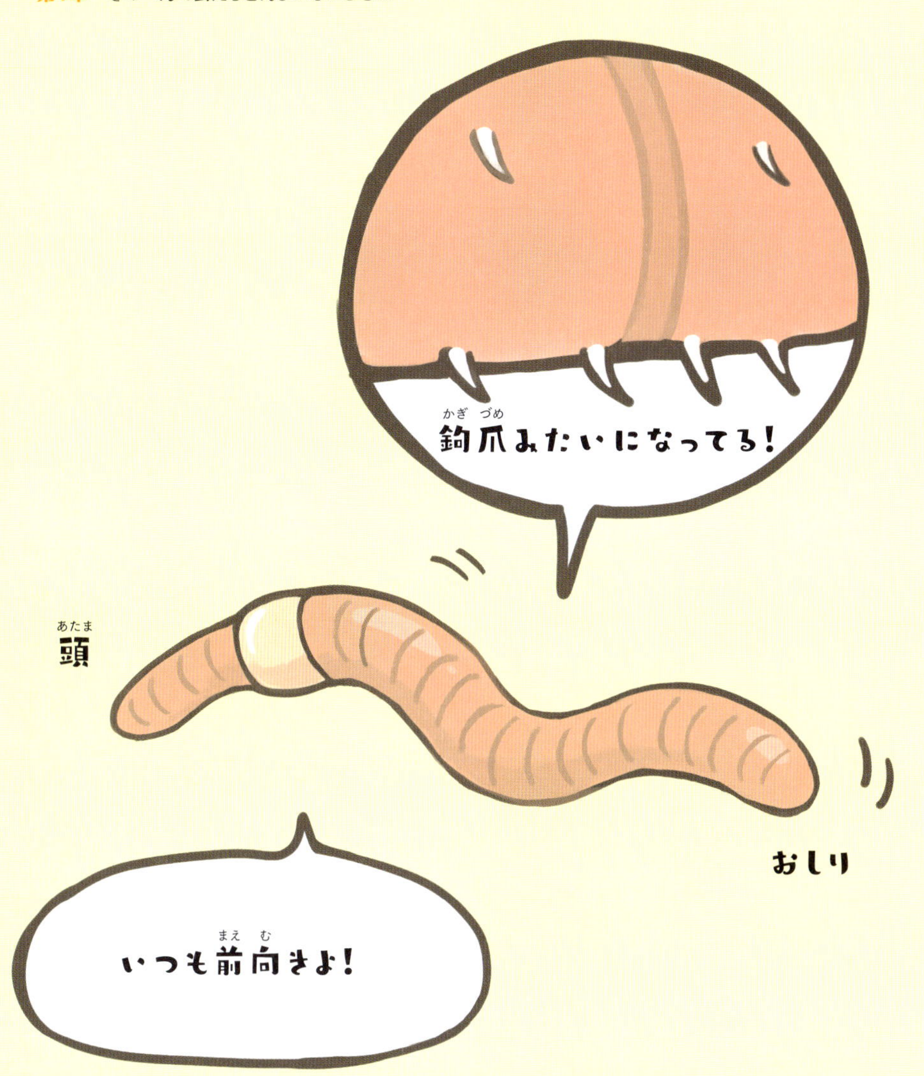

嫌なことがあっても、
ミミズさんみたいにいつもポジティブに、
前向きにいようね！

どんまい度  

ヤモリにとってゴキブリはごちそう

　ヤモリは噛みついたり、攻撃してきたりしないうえに、その家を守るといわれています。

　その理由は、家にいる害虫を食べてくれるから。ヤモリのごはんは**シロアリやクモ**から、比較的小さめの**ゴキブリ**まで！　人間に嫌われがちなゴキブリがごちそうだなんて……。絶対に食べたくはないですが、どんな味かは気になっちゃいますよね。

　このように**害虫を食べて駆除してくれる**ことから、ヤモリを漢字で書くと「家守」や「守宮」。これが転じて、「ヤモリ」と呼ばれるようになったという説があります。

　ヤモリの足裏には細かい毛からなる趾下薄板と呼ばれる器官があり、家の壁やガラスはもちろん、天井にもしっかり張り付きます。

　趾下薄板が壁の表面の凹凸に噛み合わさると、弱いパワーが生じ、この弱いパワーのおかげでまるでスパイのように、垂直な壁にも張り付けるという仕組みなのです。

［いきものデータ］

ニホンヤモリ

生息地	日本本州、四国、九州、対馬など
大きさ	10～14cm
重さ	2.3～4.0g

ちなみに姿も名前もよく似ている両生類のイモリは害虫から井戸を守ってくれるから「井守」と名づけられたんだって。

トサカが真っ赤かなニワトリには近づかないほうがいい

ニワトリは全世界で飼われていますが、日本だけでも3億羽以上いるといわれています。このニワトリのトサカといわれる頭の部分はなぜ赤いのか、みなさんは知っていますか？

じつはこのトサカ、皮膚が高く盛り上がってできたもの。赤く見えるのは、皮膚のすぐ下に毛細血管という細かい血管がいっぱい詰まっているためです。つまり、**血液の色が透けているため、トサカは赤いのです。**

体温調節やメスへのアピールなど、トサカにはいろんな説がありますが、ニワトリが怒って興奮すると毛細血管に血が集まり、トサカの温度が急上昇。頭に血が上ると顔が赤くなる人間のように、**ニワトリも怒るとトサカがさらに真っ赤かに！** トサカが赤すぎるニワトリに近づいたらきっとくちばし攻撃は回避できません。

［いきものデータ］

ニワトリ

生息地	全世界
大きさ	40〜80cm
重さ	0.5〜6.5kg

人間でも怒って顔が赤くなる人いるよね！
今までトサカをじっくり見たことなかったから、観察してみようっと！

どんまい度 1/3

ハエは青い光に当たると死ぬ

夏になると増えるハエ。特にショウジョウバエは、繁殖能力も抜群で、約10日間という超スピードで卵から大人になってしまいます。バイ菌などを運んでくる彼らにはできればあまり会いたくありませんよね。

そんなショウジョウバエですが、青い光を当てると死んでしまうということは知っていますか？　青い光には殺虫効果があることは知られていましたが、その詳しい仕組みはこれまでわかっていませんでした。

この謎を解明したのはなんと、山梨県の高校生（※）。この研究結果によると、ショウジョウバエに青い光を当てると、体の細胞を傷つける「酸化ストレス」という成分が強まります。すると、細胞が死んでしまい、やがてショウジョウバエ自体も死んでしまうというのです。

そういえば、私たちヒトの目もスマートフォンなどのブルーライトでダメージを受けますよね？　ハエもヒトも青い光が脅威なのでしょうか。

［いきものデータ］

キイロショウジョウバエ

生息地	野外、家の中
大きさ	2～4㎜
重さ	約1/1000g

※山梨県立韮崎高等学校、生物研究部の『青色光によるハエの死亡原因は本当に酸化ストレスなのか』より。

なるほど！　キャンプ場に青いランプがあるのも納得だね！　それにしても、高校生が解明したってすごいなぁ！

どんまい度 🐱🐱

ヒトはくしゃみで目玉が飛び出る⁉

ヒトも動物の一種ですが、まだわかっていない部分がたくさんあります。

人間がくしゃみをする仕組みもはっきりとわかっていません。くしゃみの効果はホコリなどの異物を外に出すこと、くしゃみで体を震わせて体温を上げることなどがありますが、**くしゃみをするときはなぜか目をつぶってしまいますよね？** じつはこの行動、体を守るための反応といわれています。

ヒトの鼻と目はつながっているので、目を閉じると鼻の穴の中が膨らみ、空気の通り道が確保されます。逆に無理やり目を開けたままくしゃみをすると、鼻の穴の中は塞がったまま。逃げ場のない空気がくしゃみの圧力で目玉へと影響を及ぼし、**最悪の場合、目玉が飛び出てしまうこともあるのです**（※）。

ただ、目を開けたままくしゃみをするのは人間の構造上、できそうでできないどんまいな行為でもあります。チャレンジしなくていいですからね。

［いきものデータ］

ヒト	
生息地	南極・北極を除く全世界
大きさ	172.4cm（17歳男性平均）、155cm（17歳女性平均）
重さ	64.6kg（17歳男性平均）、49.6kg（17歳女性平均）

※国際鼻科学会のG・H・ドラムヘラー博士の学説より。

よい子はマネしないでね！

耳たぶを動かすのもできそうでできないよ！
筋肉がほとんどなくて機能していないから
動かせないんだって！　どんまい！

マイコの
マイ日びっくり！
絵日記
世界いち
かわいい
フェネック
世界いち
ぶさいく!?
ブロブフィッシュ

6月25日 月曜日

今日のテーマ
世界で一番かわいいいきものとブサイクないきもの

天気 はれ

場所 うら庭

去年、アメリカのCNNっていうテレビ局が発表したかわいい動物ランキングの1位はフェネックなんだって! キツネの仲間で大きなお耳がかわいい! ぎゃくに、世界1ブサイクな動物はブロブフィッシュっていう深海魚なんだって。これはイギリスのみにくいいきものランキングの1位。でも、わたしはこのお魚もかわいいと思うけどな〜。

先生より

どちらもかわいらしいですね! フェネックの耳はなぜ大きいのかな? ヒントは"砂漠"。調べてみよう!

どんまい小学校

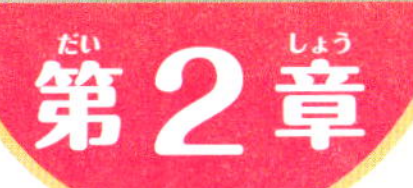

学校で会える どんまいないきもの

身近ないきもののどんまいな生態を知れば、
明日から学校がもっと楽しくなるかもしれません。
みんなの学校の近くには、どんなどんまいないきものがいるのでしょうか?

どんまい度 ★☆☆

寒いところでキンギョを飼うとビールができる!?

学校や家で手軽に飼えるキンギョですが、なんと自分でアルコールをつくる能力があることが最新の研究（※）でわかりました。寒い地方の池や湖の水面に氷が張ると、水中に酸素がない状態になってしまいます。無酸素状態だと、キンギョの体内の乳酸という物質の濃度が高くなり、この乳酸濃度が高くなりすぎると死んでしまう危険性が……。そこで、キンギョなどフナの仲間は、特殊能力で乳酸をエタノール（アルコール）に変換します。これをエラから出すことで、体内の乳酸を排出して生き延びているのです。

例えば、ビールジョッキで200日間キンギョを育てた場合、ビールと同じくらいの度数の4％のアルコールができる計算になります。でも、「キンギョビール」は超絶マズそう。なんだか生臭そうですね。

［いきものデータ］

キンギョ	
生息地	池（ほとんどが飼育）
大きさ	5～48㎝
重さ	0.75～3kg

※イギリスのリバプール大学とノルウェーのオスロ大学の合同研究チームの論文より。

冬は校庭の池も凍っちゃうから
ちょっと心配だったけど、こうやって氷の
下で生き延びていたんだね！

増えすぎて世界征服しそうなザリガニがいる!?

カニのようなハサミを持つザリガニ。名前に「カニ」とありますが、じつはエビの仲間です。

ザリガニの中には、**メス1匹だけで永遠に数が増え続ける**マーブルクレイフィッシュという種類がいます。調査すると、このザリガニの子どもはすべて、最初のメスと同じ遺伝情報を持つコピー生物＝クローン。つまり、**全員同じ顔と模様**です!

どんな仕組みでクローンが生

［いきものデータ］

マーブルクレイフィッシュ	
生息地	淡水地（2006年特定外来種指定）
大きさ	7.7～8㎝
重さ	13.0～13.4g

まれるのかはまだわかっていません。子どもを産むときは遺伝子の入った染色体という物質が必要で、普通のいきものはお父さんとお母さんから1組ずつの計2組を受け継ぎます。しかし、このザリガニはメス単体だけで染色体が3組あり、これが影響している可能性があります。

模様から「マーブル（大理石模様の）クレイフィッシュ（ザリガニ）」と名づけられたこのザリガニ。クローンなので全員見た目は一緒です。誰が自分の子どもなのか、産んだお母さんもわかっていないかも!? どんまい！

永遠に増え続けるなんてすごい！
クローンが増えすぎちゃったら、
このザリガニは世界征服しちゃいそうだね！

ハトの白いフンはうんこじゃない

私たちがよく見かける灰色のハトはカワラバトという種類。ハトがいる場所には、白いフンが落ちていますよね。いきもののうんこは茶色っぽいものが多いのに、ハトのフンはなぜ白いのでしょうか？

じつはこの白いのはうんこではなく、ヒトでいうおしっこ。液体のおしっこを出す私たちヒトと違って、ハトは水に溶けにくい尿酸という物質をおしっことして外に出します。この尿酸が水と混じり、白く固まったの

［いきものデータ］

カワラバト	
生息地	学校、市街地、森など
大きさ	31～34㎝
重さ	180～370g

がハトのフン、正しくはおしっこです。ヒトのおしっこは「尿素」、ハトのおしっこは「尿酸」という物質なのですが、どちらもいらなくなったアミノ酸を外に出す役割。ただ、おしっこの形と色が違うだけです。

では、ハトのうんこは？　よく見ると白いおしっこの中に緑色の固体があります。これがうんこ。ハトはおしっことうんこを出すところが同じなので、白色のおしっこと緑色のうんこが混じり合って出てくることがあるのです。もちろん、うんこだけすることもありますが、一緒に出せるなんて便利かも？

うんこでもおしっこでも、
ハトのフンには絶対当たりたくないよね！
でも白かったらまだセーフって思えるかも!?

どんまい度   

ドブネズミのコミュニケーション情報はだだ漏れ

注意！

体が大きいドブネズミは、時には二ワトリさえ殺すともいわれるほど気性の荒いネズミ。ドブネズミにとって小さなハツカネズミはごちそうで、見つけると殺して食べてしまいます。

ハツカネズミとしては、できるだけドブネズミには会いたくないはず……。最近の研究(※)によると、ハツカネズミがドブネズミの涙に含まれる物質を危険のシグナルとして察知してい

［いきものデータ］

ドブネズミ	
生息地	下水のまわりや河川、海岸、湿地など
大きさ	18～28㎝
重さ	150～500g

※東京大学の東原和成氏らの研究チームの研究より。

ることがわかりました。ドブネズミは自分の涙を体中にぬりたくり、フェロモンとしてドブネズミ同士のコミュニケーションに使っています。しかし、ハツカネズミにとっては赤信号のサイン。**少しでもドブネズミの気配を感じたら「アブナイ、気をつけろ！」とばかりに慎重になります。**

このように敵の特定のフェロモンを感知し、早めに敵を避ける行動が発見されたのは哺乳類では初めて。まさか自分たちの情報が獲物にだだ漏れとはドブネズミは知る由もないでしょう。

ヒトは悲しいときや感動したときに
涙を出すけどドブネズミは、
コミュニケーションとして使っているんだね！

どんまい度   

ヤギの目玉は回転する

みなさんは、ヤギを近くで見たことがありますか？ ヤギの目をよく見てみると、黒い部分が横に細長くなっています。しかもこの目は、草を食べたり、頭突きをしたりして頭を下げたときには、地面に対して平行に向きが変わるのです。

なぜか、ヤギの目は、地面に対していつも横向きになるように目玉が回転する仕組みになっています。どうして目玉が回転するのかというと、ズバリ自然界で生き抜くため。ヤギは肉食動物に襲われる危険があるので、いつもまわりを注意して見ている必要があるのです。

ヤギの横に細長い目は体の後ろまで広い範囲を見ることができます。しかも、約50度近く回転するので、下を向いているときも、前を向いているときと同じ範囲を見ることができます。

このように目玉が回転する仕組みはウマなどの草食動物に見られる特徴。頭を動かすたびに目玉が動くなんて一体どんな気分なのでしょうか。

［いきものデータ］

ヤギ

生息地	気候が温暖な地域
大きさ	40～100cm
重さ	10～100kg

自分を守るためにヤギは進化したんだね!
でも、目玉が回転したら、
私気持ち悪くて吐いちゃいそうだなあ……。

どんまい度 

ウシも〝ウシ関係〟で悩みがち

自然いっぱいの広い牧場で、のんびり気ままに草を食べているウシを見ていると、のどかな風景だなあと思いますよね。しかし、アメリカの数学者たちが発表したある報告(※)によると、**集団で飼われているウシたちには気苦労がある**といいます。

ウシは外敵から身を守るため、もともと群れで生きるいきもの。大きな群れでは、食べるのが速いウシと遅いウシの2つのグループに自然と分かれがちです。早めに牧草を食べ終わっ

[いきものデータ]

ウシ	
生息地	牧草地
大きさ	約180cm
重さ	450～1800kg

※『Chaos』誌に2017年6月付けで掲載。

たウシは次の場所へ移動しようとします。しかし、食べるのが遅いウシは自分のペースでゆっくりごはんを食べたい……。1頭だけでいると、敵から襲われる危険性が高まるため、「みんなが先に行ってしまったら危険だし、でもごはんをまだ食べたいし、どうしよう……」というどんまいな**悩み**が出てきます。

思わず「がんばって！」と応援したくなりますが、**ウシの葛藤はひどくなるとストレスになる**こともあるそう。ウシだって、〝ウシ関係〟で悩むことくらいあるのです。

ウシも人間と同じで悩むことが多いのね。ゆっくり牧草が食べられますように！ウシさん、どんまい！

テントウムシ
→ハデ。食べると
あぶないアピールをする

今日のテーマ

自分の色でやばいアピールをする!?

天気 くもり

7月7日土曜日

場所 図書館

なぜいきものは みんな色がちがうんだろう?
調べてみたら、いきものは住んでいるかんきょう
やくらしによって目立たなかったり派手だったり
生きやすい色のものが生き残ってきたんだって。
森にとけ込むためにカラスは黒に、雪にとけ
込むためにホッキョクグマは白に!ぎゃくに
「ぼくを食べたらマズイよ!」と敵に知らせる
ために、ハデな色をしているてんとう虫もいるよ。
いきものってすごいね!

先生より

カラスなどは保護色、テントウムシは警告色のいきものです。警告色のいきものは相手が嫌がる特性を持っていることが多く、例えば、テントウムシは臭くて苦い汁を出すよ!

第3章

公園で会える どんまいないきもの

公園で野生のいきものを見つけたときのワクワク感はたまりません。
みんながいつも遊びに行く公園にも、さまざまな
どんまいないきものがいるので、ぜひ探してみてくださいね！

どんまい度 🐱🐱🐱

ヨシゴイは隠れるのがへたっぴすぎる

見た目が薬味のミョウガにそっくりなあまり「鳥界のミョウガ」とも呼ばれるヨシゴイ。オトボケ顔が愛らしいサギ科の小さな渡り鳥で、ヨシ原や湿原、水田などで生活しています。

このヨシゴイにはどんまいな特徴が満載！　まず、ハスなどの水生の植物の上を歩くため、体にそぐわないかなりデカい足を持っています。また、長い足はどんまいなことにガニ股。歩く姿はおじさんのようにしか見えません。また、食べものをとるときは、水生植物の間からシヤキーン！　と首を長く伸ばすという珍しい特徴もあります。

最もどんまいなのは、驚いたり、危険を感じたりすると逃げずにまわりの植物に溶け込むように擬態（モノマネ）すること。空を見上げて体を細め、一生懸命ヨシの草や枝になり、じっとしているのですが、これが人間から見るとバレバレ。本人は隠れているつもりなのでしょうが、その努力が愛らしい。ヨシゴイ！　それでもがんばれ！

［いきものデータ］

ヨシゴイ	
生息地	ヨシ原、竹林
大きさ	約37cm
重さ	約115g

ヨシゴイさん、どんまいすぎ！
今はへたっぴだけど、もっとうまく
隠れられるようにがんばれ！

どんまい度

コガネムシはうんこを食べて公園を救う

奈良県にある奈良公園にはシカが1200頭近くいます。そんなにシカがいるのなら気になるのは、1200頭分のうんこの量。シカのうんこは黒豆にそっくりで、1頭が1日に出す量は700g～1kgくらい。奈良公園では、1日だけで840kg～1・2トンもの恐ろしい量のうんこが出るはずです。しかし、人間が片付けているわけでもないのに、公園はキレイ。何が起こっているのでしょう？

それはコガネムシの仲間のルリセンチコガネがシカのうんこをおいしく食べてくれているおかげ。ルリセンチコガネは、うんこや腐った肉をエサにする「糞虫」で、自身の約14倍もの巨大うんこを自由自在に転がします。うんこ好きの小さなスーパーヒーロー！　今日もおいしくうんこを食べてくれてありがとう。

［いきものデータ］

センチコガネ類

生息地	公園、山、森
大きさ	約2cm程度
重さ	0.3～0.5g

うんこを食べるなんてびっくりだけど、
公園がいつもキレイなのは
コガネムシさんのおかげなんだね!

どんまい度

ハクチョウはおしりから脂が出る

冬を越すため日本にやってくるのは、オオハクチョウとコハクチョウです。「優雅に泳ぐ白鳥も、じつは水面下では必死にもがいている」という言い回しがありますが、これは「カモの水かき（人知れない苦労があることの意味）」との間違い。足をバタバタとさせて泳ぐカモに比べると、ハクチョウはその美しい姿のまま、水面下でもスマートに泳いでいるのです。

なぜ、足をバタつかせずに優雅に泳げるのか？　秘密はハクチョウのおしりにあります。彼らはおしりの尾脂腺という穴からゲル状の脂を出します。この脂をくちばしで器用にすくい取り、暇さえあれば全身にベタベタと塗りまくっているのです。

ゆうゆうと泳ぐ美しいハクチョウが、おしりから出した脂を塗りたくっているなんてかなりどんまいな話ですが、尾脂腺から出る脂は水をはじく効果が抜群。この脂のおかげでハクチョウはぷかぷかと水に浮かんでいられるのです。

［いきものデータ］

オオハクチョウ

生息地	池、沼、川（日本には10～4月に渡来）
大きさ	約140cm
重さ	8～12kg

わあ！　おしりはいつもピカピカなのね！
おしりから脂が出るのって不思議だね。
どんな気分なのかしら？

どんまい度 🐱🐱🐱

カメの甲羅はじつはあばら骨

重そうな甲羅を身にまとっているカメ。日本に昔からいるカメとしては、子どもの頃「ゼニガメ」とも呼ばれるクサガメや、日本にしか生息していないニホンイシガメなどがいます。

カメの甲羅をパッと見ると、もしかしたら脱げるのでは？と思いがちですが、残念ながら脱げません。なぜなら、カメの甲羅は、人間の胸の部分にあるあばら骨（肋骨）が進化してできたものだから。甲羅は体としっかりつながっています。

アメリカのある研究（※）ではカメの祖先の骨を調べ、その進化の流れを予測。すると、だんだん肋骨が太く大きくなり、カメの体を覆って甲羅になっていったことが判明！体を守るため、水中で泳ぎやすくするためなど諸説ありますが、なぜあばら骨が甲羅に変化したのか理由はわかっていません。浮き出たあばら骨を最終的に常に背負い込むことになったカメ。なぜわざわざ重い塊を？どんまいな謎は深まるばかりです。

［いきものデータ］

ニホンイシガメ	
生息地	池、沼
大きさ	10～25㎝（甲長）
重さ	500～1050g

※アメリカのスミソニアン博物館研究所の古生物学者、タイラー・ライソン博士らによる研究より。

肋骨が表に出ちゃってると思うと
怖いけどカメさんの甲羅は硬くて
丈夫そうだから、心配いらないよね！

どんまい度 1/3

みすぼらしい姿はクジャクの恋愛終了の合図

色鮮やかな羽根を扇のように大きく広げたときのクジャクの美しさはため息ものですが、目玉のような模様の美しい飾り羽を持つのは、じつはオスだけ。残念なことにメスは茶色くて地味なのです。オスだけがキレイな羽根を持つ理由は、メスにアピールして自分を選んでもらい、子孫を残してもらいたいから。そのため、オスの羽根は美しく進化しました。

ただし、このオスの飾り羽は繁殖期（3～6月）だけの限定品。繁殖期が過ぎるとだんだんと抜けていき、最終的にはみすぼらしい姿になってしまいます。プロポーズに成功したならいいものの、もしもメスにフラれてしまっていたら、目も当てられないどんまいな姿といえます。でも、また次の恋に向けて羽根は着々と生えてきます。また来年がんばればいいのです。

［いきものデータ］

インドクジャク

生息地	低山帯の樹林、草原、農耕地
大きさ	90～130cm
重さ	2.8～6.0kg

美しい羽根はいつでも持ってると思ってた！
飾り羽が抜け落ちるまでが勝負なのね。
がんばって、クジャクさん！

どんまい度 

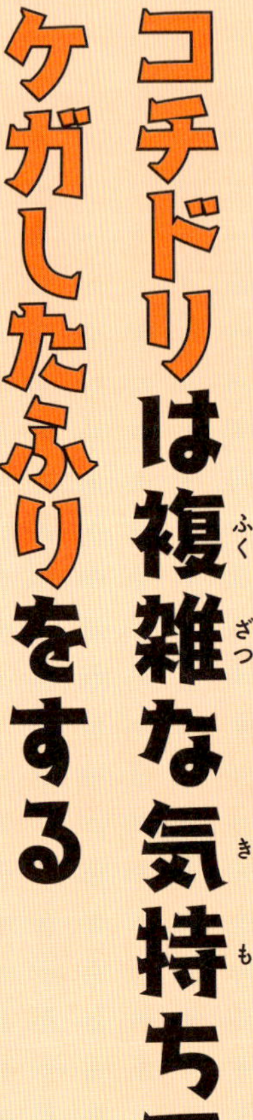

コチドリは複雑な気持ちでケガしたふりをする

ミミズや昆虫を食べ、河川や池、沼の近くで暮らすコチドリ。子育て中に自分の巣の卵やヒナを狙っている敵を見つけると、おかしな行動を始めます。

まず、ヒナたちにその場から動かないようにと鳴き声で知らせ、巣から離れたところで**わざとケガをしたふりをする「擬傷」と呼ばれる行動**をスタート！

それはもう大げさに羽をバタバタと動かして「私、ケガをし

［いきものデータ］

コチドリ	
生息地	河原の小石原
大きさ	14～16cm
重さ	30～50g

ていますが？」と敵にアピール。敵の興味を自分自身に向けさせ、徐々にヒナのいる巣から敵を遠ざけていきます。十分に敵が離れたことを確認したら、コチドリはケガをしたふりをやめ、一目散に逃げ出します。

演技で敵をだますなんて頭のいいトリのように思えますが、これは「親としてヒナを守りたい」気持ちと、「本当はすぐにでもここから逃げ出したい」気持ちがせめぎ合った結果の行動。心の中はヒヤヒヤ、心臓はバクバクです。**複雑な心境でパニック状態のコチドリ**の最後の一手なのかもしれません。

人間にも「仮病」っていうのがあるけど、コチドリさんたちはもっと必死みたいだね！いつもおつかれさま！

マイコのマイ日びっくり!絵日記

よっぱらった
ヘラジカ

お酒が大すきな
ハネオツパイ

今日のテーマ よっぱらったどんまいないきもの

8月19日 日曜日

天気 くもり

場所 丘

大人の人はお酒を飲むけど、お酒を飲む動物がいるって知ってた?
外国のヘラジカは、お酒みたいにはっこうしたリンゴを食べてよっぱらって木にひっかかっちゃったんだって。
あと、ハネオツパイっていうネズミの仲間は、お酒を飲むのが大好き!
人間も動物も飲みすぎには注意しないとね!

先生より

アメリカの最新の研究によると、ショウジョウバエもアルコール依存症になることがあるみたい! 先生もお酒には気をつけます。

森で会える どんまいないきもの

森は不思議な場所です。この森にたくさんのいきものたちが
生きていると思うと、生命の神秘を感じます。
さぁ、森にいるどんまいないきものたちに、会いに行きましょう！

イライラするリスはかわいい

大きな目にふさふさとした長いしっぽがかわいいリス。このリスのしっぽには、いろんな役割があります。走ったり木登りをするときにバランスをとったり、時には傘や枕の代わりにすることもあります。

しっぽの動きでリスの感情もわかってしまいます。背中にしっぽをピタリとつけて立っているときは、警戒中。逃げやすい態勢をとっているだけです。

また、かわいくしっぽを左右にフリフリしているときは「モビング」といって、周囲を警戒したり、敵を威嚇したりなど、リスが緊張している証拠です。

時にはしっぽで地面を激しく叩くことも。私たちにとっては「かわいい」と思うしぐさですが、本人にしてみれば、イライラはマックス！　不安な気持ちなのに、ふさふさのしっぽのせいでかわいく見えちゃいます。リスさん、そのかわいさが仇となり、どんなにイライラしても私たちは本気で心配はしないでしょう。どんまい！

［いきものデータ］

ニホンリス	
生息地	森林地帯
大きさ	16～23cm
重さ	250～350g

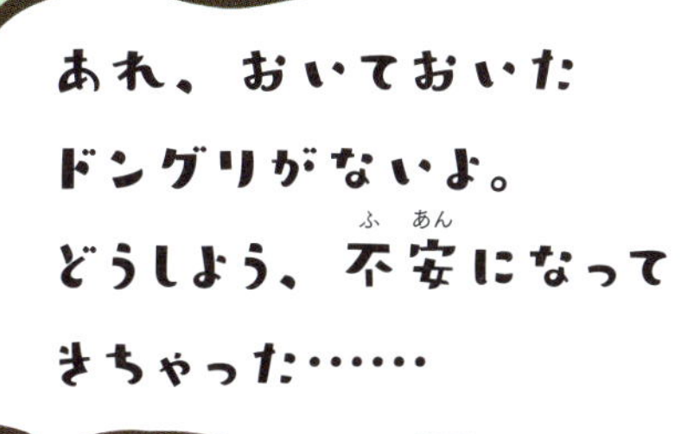

え～！　フリフリしっぽを振っている
のはかわいいと思ってたのに！
今度見かけたら、そっとしておこうっと！

どんまい度

カブトムシはサナギのとき〝身を守りたくて〟震える

カブトムシは卵から産まれ、10～5月頃まで土の中で幼虫として育ちます。そして、5～6月にサナギになり、7月頃に脱皮をして成虫になります。

頭に大きな角を持ち、「昆虫の王様」と呼ばれるカブトムシでも、サナギのときは手も足も出せない無力な状態。別の幼虫などが近づいてきたらとっても危険です。しかも、カブトムシのサナギが過ごすサナギ室と呼ばれる部屋は、少しの衝撃で崩れてしまうほど脆い、どんまいすぎる耐震強度の弱さ。

どうやってサナギが身を守っているのかというと、ひたむきに震えるだけ。ブルブルと震えて外敵が近づかないように信号を出していることが東京大学の研究（※）により判明したのです。早く成虫になりたいと願いながら、〝身を守りたくて〟震えていたのです。

［いきものデータ］

カブトムシ

生息地	広葉樹林
大きさ	30～54㎜
重さ	4～10g

※東京大学大学院農学生命科学研究科生産・環境生物学専攻の石川幸男教授らの研究より。

うーん、身動きできないからブルブルって震えるしかないんだろうなあ。早く成虫になれるといいね！

どんまい度 🐱🐱🐱

ヒヨドリは寝ているフクロウをわざわざ起こして威嚇する

「ヒーヨ！　ヒーヨ！」と甲高い声で鳴くことから、名前がついたヒヨドリ。しかし、実際は、「ピーヨ！　ピーヨ！」と聞こえます。活発な性格で、いつも騒がしく鳴いています。

鳴き声が人間にとってもうるさくて迷惑な鳥ですが、一番被害を受けているのは、もしかしたらフクロウかもしれません。

ヒヨドリは警戒心がとても強く、昼間はめったに見かけない自分より大きいフクロウを見つけると、「うわ、敵だ！」と言わんばかりに金切り声や叫び声をあげて威嚇します。これは、小鳥が大きな鳥に対して行う「モビング」といわれる行為のひとつ。とにかく大きな声で相手に嫌がらせをして追い払います。静かに眠っていただけのフクロウは、思いもよらぬ爆音アラームで無理やり起こされてしまうのです。

[いきものデータ]

ヒヨドリ	
生息地	低山の森林、樹木の多い市街地
大きさ	25～29㎝
重さ	66～100g

おーい！
絶対こっちに
来んなよー！
いや……、
僕、寝てたんだけど

ヒヨドリさんは警戒心が強いんだね！
でも、うるさいのは迷惑だから
フクロウさんのためにやめてあげてね！

どんまい度 ★☆☆

ヤマネは命と引き換えにハゲる

ヤマネは、リスやネズミに似ていますが、ヤマネ属という別の分類です。なかでもニホンヤマネは、日本にしか生息していないいきもので、国の天然記念物にも指定されています。

夜行性で、森にすんでいるニホンヤマネ。そのふさふさのしっぽには、木の上を移動するときにバランスをとるなど重要な役割があります。

しかし、このしっぽ。つかむと、手袋を脱ぐときのように、毛だけがズボッと抜け落ちてしまいます。そしてどんまいなことに、骨が丸見えになります。あんなにかわいいヤマネのしっぽがハゲてしまうのです。生活するのになくてはならないしっぽなのに、取れちゃうなんてどんまいすぎる！

しっぽだけ取れるのは、敵に襲われたときにしっぽをつかまれても、しっぽが取れるので体だけは無傷でいられるというトリックだから。しっぽを命と引き換えにして、難を逃れているのです。

［いきものデータ］

ニホンヤマネ

生息地	森
大きさ	約8㎝
重さ	約25g

自分でしっぽを切って逃げるのって
トカゲとかヤモリだけだと思ってたけど、
ヤマネもするんだね！　おもしろい！

カタツムリのメスは恋の矢で命が縮まる

カタツムリには、1匹の体にオスメスの生殖器両方を持つ種類（雌雄同体）がいます。ゆっくりとしか動けず仲間に出会いにくいため、オスメス関係なく2匹いれば子どもがつくれるようになったといわれています。

彼らは2匹で向き合い、ラブダート（恋の矢）と呼ばれる硬いヤリ状のものを相手に突き刺して交尾します。このとき、突き刺された方がメスとなり子どもを産むことに。恋の矢を刺すことで相手を支配し、自分の子どもを産むように仕向けているという説が有力です。

最新の東北大学の研究（※）によると、恋の矢に刺されてメスとなったカタツムリは、平均寿命60日のうち、45日ほどしか生きられないことが判明。これは別の相手と交尾するのを防ぐためと考えられています。それにしても痛そう。どんまい！

［いきものデータ］

コハクオナジマイマイ	
生息地	草木の根元、農耕地
大きさ	約15㎜（殻径）
重さ	約2g

※東北大学の生物学者、木村一貴氏らの研究より。

そっか……。奥さん、どんまいだね。
でも、私たちがまだまだ知らない
いきものの生存本能ってすごいんだね。

どんまい度 

キツネはたまに雪にささる

日本で「キツネ」と呼ばれているのは、アカギツネという種類のことです。赤みをおびた毛を持つことから、アカギツネと名づけられました。

アカギツネは、ネズミやウサギ、昆虫類、ミミズ、卵、果実などを食べるのですが、雪の深い場所ではどうやって狩りをしているのでしょうか？　答えは意外にもダイナミックな方法です。雪の中のわずかな物音を聞きつけ、ためらうことなくジャンプ！　**頭から雪に突っ込ん**

［いきものデータ］

アカギツネ	
生息地	森林
大きさ	66～68cm
重さ	5.2kg

※チェコの研究者、ヤロスラフ・セルベニー氏らによる研究より。

で、獲物を捕まえています。

2年間、84匹のアカギツネによる約600回のダイブを観察したチェコの研究者によると（※）、おもしろいパターンが見つかりました。というのも、アカギツネたちは北東を向いてダイブすることが多く、しかもこの方向にダイブしたときは73%の確率で獲物を捕まえることができたのです。

これはキツネに磁気感覚という第六感があるからではと考えられています。雪に頭から突き刺さるキツネですが、藪から棒にダイブしているわけではないようです。

すごーい！　雪にささってる！
頭から雪に突っ込んで、ネズミをゲットするなんて、ダイナミックだね！

いちばんかわいそうなのは
ペンギンだね

	あまい	すっぱい	しょっぱい	にがい	うまみ
にんげん	○	○	○	○	○
ねこ	×	○	○	○	○
ことり	○	○	○	○	○
いぬ	○	○	×	○	○
ペンギン	×	○	○	×	×

9月4日火曜日

天気　くもり

場所　原っぱ

今日のテーマ
あまい味がわからない？

いきものの味覚がおもしろい！
私はごはんを食べるのが大好きなんだけど、
動物の中には、味がわからない動物もいます。
しらべてみたよ!!
一番かわいそうなのはペンギン。すっぱいのとしょっぱい
のしかわからないんだって。
ケーキを食べてもおいしい〜って思わないのかな？
おいしいのわからないのはちょっとかわいそうかも…。

先生より

不思議だね。人間は「おいしい」や「まずい」という感覚があるけど、動物は食べ物を食べるときに、どう感じているのかな？

海で会える どんまいないきもの

「すべてのいきものは海から生まれた」といいますが、
海で生きるいきものについては、まだまだわからないことが多くあります。
海で会えるいきものにはどんなどんまいな一面があるのでしょうか?

どんまい度

サザエは最近まで学名をつけてもらえなかった

なんとサザエは最近まで学名という学問上で使われる名前をつけてもらえませんでした。

これまで日本のサザエは、1786年にイギリスの僧侶・博物学者のジョン・ライトフット氏が名づけた「Turbo cornutus（トゥルボ・コルヌツス）」と呼ばれてきました。しかし、これは中国産のナンカイサザエという別の種の学名。1848年に貝類学者のリーヴ氏(※1)が、日本のサザエと同じものだと勘違いしたことからずっとそう呼ばれ続けてきたのです。

しかし、岡山大学の福田准教授(※2)がこの間違いを指摘。2017年、「日本のサザエは新種として扱われるべきだ！」と、「Turbo sazae Fukuda（トゥルボ・サザエ・フクダ）2017」と名づけ、日本のサザエにやっと学名がついたのです。よかったね！

［いきものデータ］

サザエ	
生息地	岩礁
大きさ	約10cm
重さ	50～200g

※1　イギリスの貝類学者のロベル・オーガスタス・リーヴ氏のこと。
※2　岡山大学大学院環境生命科学研究科の福田宏准教授のこと。

長い間名前がつけられなかったなんて
サザエさん、どんまいだなあ。
アニメではあんなに有名なのにね！

どんまい度 ★☆☆

サンゴが美しいのは魚のおしっこのおかげ

サンゴは石や植物だと思われがちですが、れっきとした動物。主にサンゴ礁をつくる造礁サンゴと、1匹で生きる非造礁サンゴの2種類に分けられます。サンゴ礁と呼ばれるのはサンゴが炭酸カルシウムで骨格をつくった地形のこと。サンゴの美しい家のようなものです。

最新の研究（※）によると、サンゴ礁を健康に美しく保つために、**魚のおしっこに含まれる栄養素が役立っている**ことが判明しました。サンゴは太陽の光から多くのエネルギーを得ますが、窒素やリンなどサンゴを美しくするための栄養素はなかなか手に入りません。**動けないですからね。**そこで、サンゴは必要な栄養素を魚の排泄物から摂取し、美しさと健康を保っているのです。

サンゴ礁にとって、**魚のおしっこが混ざった海水はごちそうの中に浸かっているようなもの。**しかし、魚のおしっこがサンゴの美しさにつながっているとは、なんだか複雑です。

［いきものデータ］

ミドリイシ

生息地	浅い海（造礁サンゴの場合）
大きさ	0.6～30cm（テーブル状の群体）
重さ	10g程度～100kg以上

※アメリカのワシントン大学の研究者が率いるチームの研究より。

魚のおしっこってすごいね！
サンゴをキレイにするためには、
人間のおしっこだとだめなのかな？

どんまい度

マメコブシガニはカニなのに前に歩ける

カニといえば、横歩きすることで知られています。どうして横に歩くのかというと、カニの足は胴体の横に5本ずつ（うち1本ずつがハサミ）ついているから。足と足の間隔が狭く、前に歩こうとするとぶつかって速く移動できません。横の方が速く歩けるから横歩きをするようになったのです。

浅瀬の砂浜には、マメコブシガニという小さなカニがよく見られます。このカニは足が細長く、足の関節同士の間隔に余裕があるので、横はもちろん、カニなのに前にも後ろにも歩けます。ごつごつの甲羅で前進する様子はまるで小さなロボットみたいです。

そんなマメコブシガニですが、敵に見つかると動かずにじっと死んだふり。しかも、食べるごはんはアサリなどの死んだ貝のみです。というのも、マメコブシガニは体が小さく獲物を捕まえるほどの攻撃力がないため、自分では獲物を仕留められないのです。どんまい！

［いきものデータ］

マメコブシガニ	
生息地	内湾の干潟
大きさ	約22㎜（甲長）
重さ	約2g

マメコブシガニをつかまえると
動かなくなるけど、
あれは死んだふりをしていたんだね！

どんまい度 

うんこをしたクシクラゲのせいで世界中の学者は大混乱

いきものの祖先には口だけしかなく、うんこをするための穴である肛門は、進化の過程でできたと考えられてきました。

口だけしかないイソギンチャクやサンゴなどは、この名残を持つ原始的ないきものです。クシクラゲ類も口の反対側に肛門のような穴を持っています。しかし、うんこは口から出すことが確認されていたため、原始的ないきものと同じ仲間だと考えられていました。

ところが、クシクラゲが肛門からうんこをする瞬間がビデオで撮影（※）され、世界中の学者たちは大混乱！「もしかしたら、いきものには最初から肛門があったのかも!?」という可能性が出てきたからです。今までの肛門の起源の説がクシクラゲのうんこ動画のせいで覆り、世界中がてんやわんやの大騒ぎになってしまいました。

［いきものデータ］

カブトクラゲ（クシクラゲ類）

生息地	海の中
大きさ	約10cm
重さ	約100g（97％が水分）

※アメリカのマイアミ大学の進化生物学者ウィリアム・ブラウン氏の研究より。

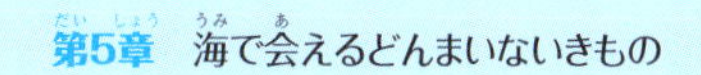

あら～みなさん、
お騒がせでごめんね～

うんこをしただけで大騒ぎなんて
お騒がせないきものだね！　でも、
肛門の進化って謎だらけなんだね！

どんまい度 🐱🐱🐱

ユリカモメ夫婦は黒塗りの顔を決して見せ合ってはいけない

カモメの仲間でくちばしと足が赤いのが特徴のユリカモメ。このユリカモメ、夏と冬では別人のように顔が変わります。

トリには年に1度、羽根が抜け替わる換羽という時期があります。ユリカモメの場合、冬の間はほぼ白いのですが、夏になると顔まわりの羽根が抜け、なぜか顔だけが黒くなります。その姿はまるで、黒い頭巾やマスクをかぶったドロボウのよう。

繁殖期のユリカモメは攻撃的になり、特にオス同士は黒い顔でにらみ合います。彼らにとって「黒い顔＝ケンカ」という認識。ラブラブな夫婦でもケンカになってしまうので、夫婦でもお互いの黒い顔を見せ合わないよう「首そむけ」という行動をします。生涯同じ相手と連れ添うほど仲がいい彼らですが、この黒い顔のせいで夏は背中を向け合って過ごしているのです。

[いきものデータ]

ユリカモメ

生息地	海岸沿い、河川、沼地
大きさ	約40cm
重さ	約300g

顔を見ないほうが私たちのためだわ……

夫婦なのに顔を見られないなんて
とってもつらいことだよね。
どんまい、それでもがんばって！

どんまい度

エビのしっぽはゴキブリの羽と同じ成分

食用として日本人が大好きなエビ。このエビの体を覆っている殻やしっぽは、主に**キチン質**という成分からできています。そして、知りたくないかもしれませんが、じつは**ゴキブリの羽も同じキチン質でできています**。つまり、残念なことにエビのしっぽと、ゴキブリの羽は同じ成分ということになります。

ただし、キチン質はカニなどの甲殻類や、カブトムシなどの昆虫類の殻などにも含まれています。このキチン質には、コレステロール値や血圧を下げたり、腸内をキレイにしてくれたりする作用があるといわれ、健康面やダイエットで注目の成分。とはいえ、エビを目の前にしたとき、ゴキブリと考えると食欲は落ちそうですね……。

ちなみにイラストはイソテッポウエビ。潮が引いた砂浜などで見つけられますよ。

[いきものデータ]

イソテッポウエビ	
生息地	浅瀬、海岸沿いなど
大きさ	約3cm
重さ	約0.3g

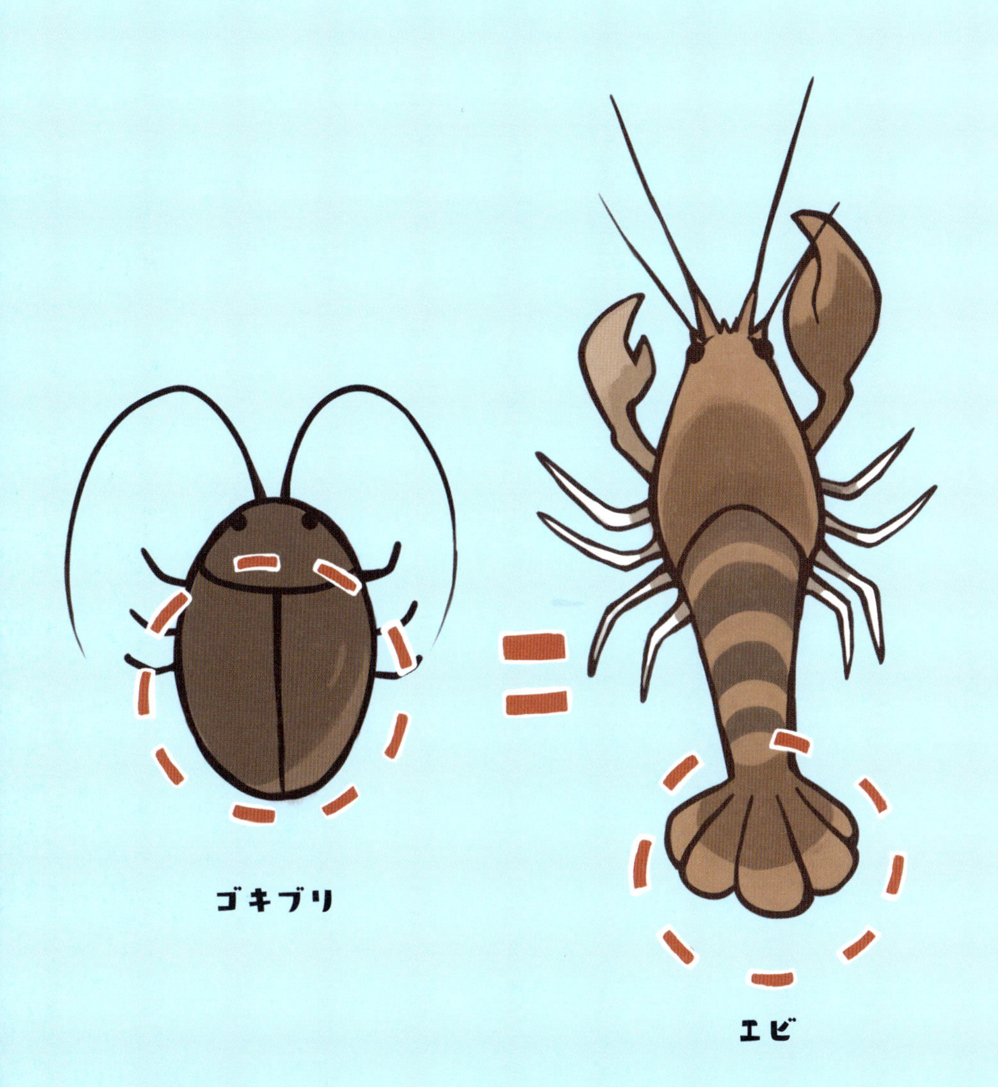

ウゲェ～。気にしないでって言われても、エビフライのしっぽは今度から食べるのに勇気がいるなあ。エビさん、ごめん！

イチゴミルク
ウミウシ

コンペイトウ
ウミウシ

トゲトゲ
ウミウシ

ナマハゲ
ウミウシ

クレープ
ウミウシ

10月10日水曜日

天気 はれ

場所 すな浜

今日のテーマ
ウミウシのなまえがそのますすぎてかわいい!

今日は、ウミウシという貝の仲間について書きます。貝がらのところがなくなっちゃったから、カラフルな海のナメクジみたい。名前を調べてみたんだけど、イチゴミルクとか見ためそのまんまのカワイイ名前ばっかり!しかも三千種類もいるんだって!もっとへんな名前のウミウシをしらべてみようっと!

先生より
かわいいね! マイコちゃんが新しいウミウシを見つけたらなんて名前をつける? 先生だったらマンゴーウミウシってつけたいな!

ZOO

動物園で会えるどんまいないきもの

動物園のいきものたちも結構どんまいな一面を持っていること、知っていますか？　動物園の人気者のいきものはもちろん、ちょっと珍しい!?いきものまで、たくさんたくさん会いに行きましょう！

どんまい度

カピバラは外国(バチカン市国)では魚類扱い

ほのぼのとしたカピバラは動物園の人気者。野生のカピバラは南アメリカの熱帯雨林の川など水辺や草原で暮らし、「ミズブタ」とも呼ばれますが、れっきとしたネズミの仲間です。

そんなカピバラですが、イタリアにあるバチカン市国ではなぜか「魚類」扱いをされています。明らかに魚ではないのに、なぜそんなことになってしまったのでしょうか？

バチカン市国のカトリック教徒の一部では「レント(四旬節)」という期間(40日)は魚はOKですが肉を食べることは禁止されています。それでも人間には「お肉も食べたい」という思いが出てきてしまうものです。

そこで現地の人は、水中で多くの時間を過ごすことを口実にカピバラを魚類扱いとし、カピバラ肉を食べてもいいことにしたのです。カピバラにとっては大きなとばっちり！　ちなみに、カピバラ肉はイワシとブタを混ぜ合わせたような味だとか。意外といけそうですね。

［いきものデータ］

カピバラ

生息地	南アメリカ
大きさ	106～134cm
重さ	35～66kg

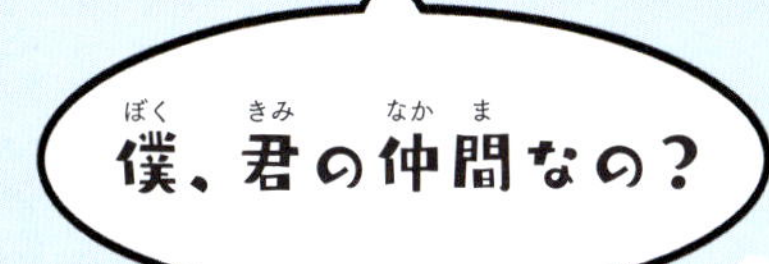

カピバラ

ふさふさでもふもふの毛があるのにね！
カピバラさん、大丈夫だよ！
私はちゃんと哺乳類だと思ってるよ！

ユキヒョウはびっくりするとしっぽをくわえちゃう

ヒョウの仲間のユキヒョウは、名前のとおり雪のように白いお腹が特徴。寒いところにすんでいるため、毛は分厚くなっています。そのせいで美しい毛皮が狙われ、一時は絶滅の心配もありましたが、今は保護活動で少しずつ数が増えてきています。

ユキヒョウには80～100cmほどのしっぽがあります。このしっぽは、走るときにバランスをとったり、マフラー代わりに体に巻き付けたりとすごく便利。たまに、ユキヒョウがパクッとしっぽをくわえているかわいい姿が見られます。しかし、しっぽをくわえているときのユキヒョウはとっても不安。私たちが子どもの頃から持っているぬいぐるみや毛布を触ると安心するようにしっぽをくわえてほっとしていると考えられています。私たちにはかわいく見えますが、内心ビクビクなのです。

［いきものデータ］

ユキヒョウ

生息地	アルタイ山脈、ヒンズークシ山脈、ヒマラヤ山脈
大きさ	120～150cm
重さ	25～75kg

かわいい～！　私にもしっぽがあったら
思わずくわえちゃうかも！
人間にもしっぽがあればいいのにね！

ナマケモノは無表情なのに笑顔に見えちゃう⁉

ナマケモノは、ミユビナマケモノ科とフタユビナマケモノ科の2種に大きく分けられます。フタユビナマケモノは前足の指が2本。ミユビナマケモノは、前足の指が3本あります。

ナマケモノには筋肉がほとんどありません。「動かない」のではなく、正確には「動けない」といったほうがいいでしょう。ぶら下がったまま過ごすから筋肉が退化しちゃったのです。

ただ、ナマケモノの顔を見るといつも笑顔に見えます。当然、顔の表情をつくるときにも表情筋という筋肉が必要なのですが、ナマケモノには筋肉はないはず。じつはこれ、本人はいたって無表情なのですが、表情筋さえないため、笑顔に見えるだけ。寂しいときも、怖いときも、自分の感情と関係なく笑顔を振りまくナマケモノは、果たして幸せ者なのでしょうか。

［いきものデータ］

フタユビナマケモノ

生息地	南アメリカ
大きさ	58～60cm
重さ	3.5～4.5kg

ナマケモノが無表情だなんて笑っちゃう！
うふふ、今度ナマケモノさんに会ったら
「今笑ってる？」って聞いてみようっと。

どんまい度   

ヤブイヌのメスのおしっこがアクロバティック

最も原始的なイヌといわれているヤブイヌは、丸くて小さい耳、長い胴体と短い足などを持ち、イヌの仲間というよりアナグマに似ています。しかしこの体型は名前にあるヤブで暮らすのには便利。木がチクチクと生い茂る深いヤブの中でも通り抜けることができます。もし、細長い巣穴で敵に会っても、顔を前に向けたまま後ろ歩きをして逃げることもできるんです。

そんな器用なヤブイヌですが、なぜかメスだけ逆立ちをしておしっこをします。オスはイヌと同じように片足を上げておしっこをしますが、メスだけやけにアクロバティック。これは、オスより高い位置に自分の臭いをつけて（＝マーキング）より広い縄張りをアピールするためだといわれています。もしかしたら、メスのほうが負けず嫌いなのかもしれませんね。

［いきものデータ］

ヤブイヌ	
生息地	ブラジル
大きさ	約66cm
重さ	5.0～7.0kg

逆立ちしておしっこするメスは、
毎回、とっても大変そう!
なぜ、オスは逆立ちしないのかな?

ワオキツネザルのオスは媚を売らないと生きていけない

ワオキツネザルを観察したカナダの大学の最新の研究（※）によると、仲間たちとうまく過ごすために、**弱いオスほどよくしゃべる**ということが判明しました。**リーダーになれないオスは立場が弱く、どんまいなことに仲間のメスに叩かれたり噛まれたりしてしまいます**。暴力を受けた弱いオスはしかたなく集団から少し離れて暮らすようになりますが、完全に群れから離れてしまうと外敵から襲われる危険性が出てきてしまいます。

そこで、弱いオスは自分を受け入れてくれる少数派の仲間に短い鳴き声でアピール。鼻を鳴らして親しみを伝え、少しでも安全に暮らそうとするのです。**弱いオスは、この媚びた鳴き声で仲間にゴマをすり、弱いながらもひたむきに生き抜いているのです**。がんばれ、負けるな！ワオキツネザル！

［いきものデータ］

ワオキツネザル	
生息地	マダガスカル島
大きさ	39～46cm
重さ	2.3～3.5kg

※科学誌『Ethology（動物行動学）』誌の2017年9月号掲載の論文より。

ワオキツネザルさんも大変なんだね。
円満に過ごせるようにがんばってね!
どんまい!

どんまい度

ツルは本気でつるっ禿げだった

日本で「ツル」といえば、タンチョウのことをさすことが多いです。頭のてっぺんが赤く、スタイル抜群の美しい姿は、日本の象徴ともいわれ、千円札にも描かれています。

タンチョウは漢字で書くと「丹頂」となり、「丹」は「赤」、「頂」は「いただき」や「てっぺん」という意味。つまり頭が赤いことから名づけられています。

ツルの頭の赤い部分は、よく見ると羽毛ではありません。なんと、**皮膚がむき出しになっていて、赤いブツブツになっています**。ずっと見ているとちょっと気持ち悪くなるくらいブツブツですね……。

これは「肉瘤」といって、こぶのようなもの。**頭のてっぺんが赤い色をしている理由は、シンプルに血の色が見えているからです**。理科室の人体模型みたいですね。これはニワトリのトサカと同じで、体温調節やメスへのアピールのためといわれています。ツルだけに本当につるっ禿げだったのですね。

[いきものデータ]

タンチョウ	
生息地	湿地帯
大きさ	約1.4m
重さ	6.3～9.0kg

し、知らなかった～！　ブツブツして
いてちょっと気持ち悪いかもね……。
今度カツラを買ってあげようかしら。

どんまい度 🐱🐱

ペンギン夫婦は礼儀正しくしないと仲が悪くなる

ペンギンは空を飛ぶことはできませんが、鳥の仲間です。基本的に一夫一婦制で、一度カップルになると、ほぼ浮気することなく、生涯連れ添います。

そんなペンギンですが、夫婦の間ではおじぎのような行動が見られます。これは「相互ディスプレイ」と呼ばれる行動の一種。夫婦間の絆を強くしたり、相手の行動を把握したりする機能があると考えられています。

交尾前や卵の温め番を交代するときなど、1羽がおじぎをすると、もう1羽もペコリとおじぎを返すのです。ペンギン夫婦にとって、おじぎは大切なコミュニケーションツール。むしろ、きちんとおじぎをしなければ夫婦仲は悪くなってしまいます。ペンギンがいつもラブラブな理由はお互いの礼儀正しい態度にあるのかもしれません。私たちも見習いたいものです。

［いきものデータ］

キングペンギン

生息地	亜南極の島々
大きさ	94～95cm
重さ	9.0～15kg

うふふ。ペコペコしていないと、
奥さんとうまくいかないのは
人間と一緒だね！

スカイウォーカー・
フーロックテナガザル

ルークだ！

ハソープラクス・
セブルス

ハリーポッター
の先生だ！

11月27日火曜日

天気 はれ

場所 バス

今日のテーマ

あのえいがから!?
ステキななまえがついてるいきもの

いきものが新しく発見されると、名前がつきます。
スカイウォーカー・フーロックテナガザルはスター・ウォーズが好きながくしゃの人たちが名付けたんだって!
ハリープラクス・セブルスは、カニの仲間なんだけど、ハリー・ポッターに出てくるあの先生の名前!
見つけた人の名前もハリーっていうらしいよ!

先生より

スター・ウォーズもハリー・ポッターも、先生大好き!
こうやっておもしろい名前をつけられると、みんなから覚えてもらいやすいね!

第7章

もう会えなくなるかもしれないどんまいないきもの

博物館の絶滅危惧種展などでは、
もう会えなくなっちゃうかもしれない「絶滅危惧種」という
いきものたちのことを知ることができます。
私たちが今できることは、絶滅しそうないきものたちのことを考えて、知ること。
どんまい、それでもがんばれ！

絶滅危惧種ってなに？

地球上から姿を消してしまったいきもののことを「絶滅種」、さまざまな原因から数が減ってしまい、絶滅が心配されているいきもののことを「絶滅危惧種」といいます。いきものの数が減ってしまう原因には、森林伐採や地球温暖化、大規模な狩猟などがあげられます。

地球上ではたくさんのいきものたちがお互いにつながり、支え合って生きています。いきものが絶滅して、命のつながりやバランスが崩れてしまうと私たち人間が生きていけなくなってしまうことも考えられます。

どんまい度

サーバルが上品で美しいのはただの猫かぶり

アニメ『けものフレンズ』に登場し、人気を集めたサーバル。大きな耳のある小顔、ほっそりした体と細長い足は、まるで動物界のスーパーモデルのようです。普段は1匹で行動し、狩りが上手なサーバルの姿は、気品さえ感じる美しさがあります。

しかしその美しさと裏腹にサーバルは、肉食で荒々しい性格の持ち主です。ヒトに危害を加える恐れがあるとして、動物園などで飼う場合は、都道府県知事の許可が必要な環境省の「特定動物」に指定されているほど。

3mも飛べるほどジャンプ力が高く、不意打ちで相手を襲うこともしばしば。たとえ満腹のときでも、小鳥など目の前を通る動く獲物を見つけたら放っておけない性格で、すばやく殺してしまいます。美しい見た目にだまされて近づいたらひとたまりもありません。

［いきものデータ］

サーバル

生息地	アフリカのサバンナ
大きさ	70～100cm
重さ	13.5～19.0kg

格闘家のボブ・サップも飼っていたんだって！　凶暴だけど、見た目はめちゃくちゃにかわいいよね。

スナネコの耳の中は毛がボーボー

幅の広い顔と大きな耳が特徴のスナネコ。その愛らしさから「砂漠の天使」とも呼ばれる砂漠地帯にすむ野生のネコです。

キツネのように大きくとがった**耳の内側は白くて長い毛で分厚く覆われています**。砂漠で生活しているスナネコは、風で舞った砂が耳に入り込んだら大変！　細かい砂漠の砂が耳に入らないようにこのような仕組みに進化したのです。こんなにかわいらしいのに、**耳毛がボーボー**だなんて、おじいちゃんみたいですね。

また、昼間は80度にもなる砂漠の砂から足を守るため、**足裏にも毛はボーボー**。この毛があるおかげで、砂の中に沈み込まずに熱い砂場を歩くことができるのです。

砂漠で生きるために進化してきたスナネコ。「もっとすみやすいところで暮らせばいいのに！」と思いますが、**スナネコは臆病な性格で人間に懐きません**。暑くてじゃりじゃりでも、人気のない砂漠が好きなのです。

［いきものデータ］

スナネコ	
生息地	北アフリカ・南西アジアの砂漠
大きさ	40～57cm
重さ	2.0～2.5kg

砂漠はとても暑いから、日中は自分で掘った穴の中で過ごして、涼しくなった夜に狩りに出かけるんだって！

マーゲイはたまにヘタなモノマネをする

南アメリカのジャングルにすむ、マーゲイ。真っ暗な中で狩りをするため、月や星の少しの明かりでもまわりがよく見えるようにと特徴的なクリクリの大きな目に進化しました。

マーゲイは木の上にいるネズミやリス、小型のサルや鳥などを食べるのですが、**狩りをするために、獲物のモノマネをしておびき寄せる**ということが、最新のアメリカの研究（※）でわかりました。あるマーゲイがサルの赤ちゃんの甲高い鳴き声をマネて、獲物をおびき寄せました。**モノマネ自体はあまり上手ではなかった**のですが、近くにいたサルは興味を持ち、マーゲイに寄って来たといいます。そのときの狩りは失敗に終わったものの、モノマネ作戦を思いつくとは賢い！　でも、先にモノマネのレベルを上げたほうがよさそうですね。

［いきものデータ］

マーゲイ

生息地	メキシコ北部からアルゼンチン北部の森林
大きさ	45～70cm
重さ	4.0～9.0kg

※アメリカの非営利団体・野生生物保護協会（WCS）の研究より。

あれ？
仲間かな？
うっしっしっしっ！
キィー
キィー

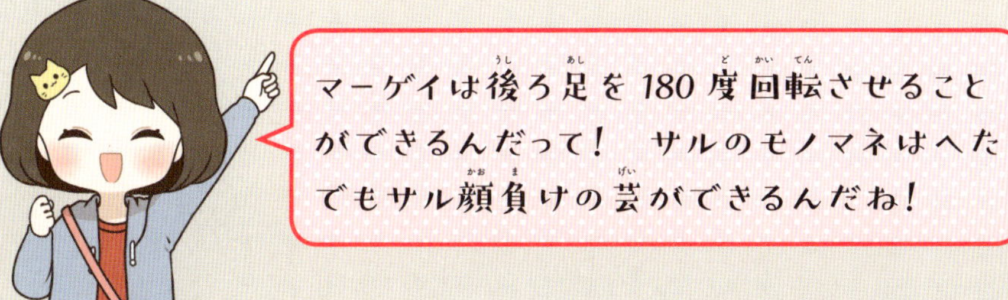
マーゲイは後ろ足を180度回転させることができるんだって！　サルのモノマネはへたでもサル顔負けの芸ができるんだね！

フォッサの名前には“おしりの穴”が入っている

マダガスカル島にしかいないフォッサは島で一番大きい肉食動物なので天敵はいません。しかし、森がなくなったことで家畜を襲ったりすることが増え、人間の狩猟の標的となってしまい、今、絶滅のピンチです。

そんなフォッサの学名はかなりどんまいなことになっています。その学名は「Crypto-procta ferox」。意味は「どう猛な隠された肛門」です。肛門とはご存じ、おしりの穴のこと。フォッサには肛門の左右ににおいのもと（分泌物）を溜める袋である肛門嚢があるのですが、これが肛門を隠すように膨らんでいます。肛門嚢はイヌなどにもありますが、体内にあるのでイヌネコの肛門は丸見え。対してフォッサは、肛門嚢が大きすぎてパッと見ても肛門の位置がわかりません。「隠された肛門」という学名はそのまんまなのです。

［いきものデータ］

フォッサ

生息地	マダガスカルの多雨林
大きさ	70cm
重さ	9.5～20.0kg

ね？　おしりの穴、
見えないでしょ？
肛門嚢

肛門が学名なんて、どんまいすぎ！
自分が肛門って呼ばれていること
フォッサはわかっているのかな～？

どんまい度 ●●○

アフリカオオコノハズクはスリムになると誰だかわからない

「コノハズク」とつく種類はフクロウの仲間のなかで最も小さいグループですが、キュートなアフリカオオコノハズクはコノハズクのなかでも体長が大きい種類です。

普段はとてもかわいらしい姿なのですが、彼らは自分の身を守るために同じトリとは思えないほど大変身を遂げます。遠くに敵を見つけると、まずは体全体を細く伸ばします。目も細めるため、もはや別のいきものに。スリムになりすぎて原型がもうわかりません。これは、木の枝そっくりになる擬態と呼ばれる行動のひとつ。

そして、敵に見つかったときは、最終手段として羽根を広げ、威嚇の態勢に入ります。ただし、このポーズは相当危険な状態に陥ったときにするレアもの。彼らが「まじでやべえ！」と思ったときにしか見られません。

［いきものデータ］

アフリカオオコノハズク

生息地	サハラ砂漠以南のアフリカ
大きさ	19〜24㎝
重さ	約200ｇ

別人すぎて、本当に「誰？」って感じ！
でも、こんなに細くなった姿を見たら
きっと敵は気づかないだろうね！

どんまい度   

ラッコはあったかい海だと沈んじゃう

海に浮かびながら、石を使って貝を割る賢いラッコは、海で暮らすもっとも小型の哺乳類。しかし、イタチの仲間の中では最大の大きさです。

ヒトの頭の毛が約10万本なのに対し、ラッコは約8億本も毛が体中に生えています。この毛の隙間に空気の層をつくり、海に浮かんだり、寒さから身を守ったりしているのです。ただし、前足の手のひらには毛は生えていません。そこで、ラッコは手が冷たくならないように海につかないようにバンザイをして手が海につかないようにします。たまに目を手で覆うしぐさもしますが、これも冷たくなった手や目を温めていると考えられています。

「そんなに寒いなら、暖かい海にいけばいいのに……」と思った方。じつは20度以上の水温になると、毛皮の中に水が入り込み、ラッコは沈んでしまいます。あったかい海に行くと沈み、寒い海だと手が冷える。うまくいきませんね、どんまい。

［いきものデータ］

ラッコ	
生息地	千島列島、アレウト列島、アラスカ湾、カリフォルニア海岸
大きさ	55〜130cm
重さ	15〜33kg

ふむふむ。
逆に言うと、ラッコさんは寒い海でしか生きられないってことなんだね。

どんまい度 

シロサイはうんこ掲示板で婚活する

サイの仲間の中でもっとも体が大きいシロサイ。名前の由来は、体が白いからというわけではなく、特徴である口の「幅広さ（wide/ワイド）」を「白い（white/ホワイト）」と聞き間違えたからなんです。名前からすでにどんまいですが、うんこのどんまいなお話をします。

南アフリカとドイツの研究チーム（※）がシロサイのうんこを分析し、縄張りを持つオスと、発情期のメスのうんこを再現しました。再現したうんこを振りまき、独身のオスの反応を確認。すると、独身のオスは、ほかのオスのにおいを嗅いだときは警戒し、メスのにおいは長時間嗅ぎ続けました。

この研究からシロサイのうんこには、性別や年齢、相手が結婚したいかどうかなどの情報が入っていると考えられています。このシロサイはうんこを嗅ぎ、結婚相手を探していたのかもしれません。とにかく、シロサイのうんこはプライベート情報がだだ漏れなのです。

［いきものデータ］

シロサイ

生息地	アフリカ南部および北東部の乾燥サバンナ
大きさ	340～400cm
重さ	1700～2300kg

※南アフリカとドイツの3人の科学者からなる研究チームの研究より。

うんこを食べる動物がいたり、うんこが情報源の動物がいたり、いきものにとってうんこは超重要ってことなんだね！

マンボウ
॥
石うす

← ちょっとかわいそ

ニシローランドゴリラ
॥
ゴリラ・ゴリラ・ゴリラ
↑
ゴリラいいすぎ

キリン
॥
走るヒョウがら
のラクダ
↑
ラクダっていっちゃうんだー

今日のテーマ

どんまいな学名のいきもの

1月21日月曜日

天気　あめ

場所　ファミレス

いきものには、えらい博士がつかう、「学名」というのがあるんだって。今日、お母さんに教えてもらったんだけど、へんな学名の動物がいた!
例えばニシローランドゴリラは「ゴリラ・ゴリラ・ゴリラ」っていうんだって。いくらゴリラだからって、ゴリラっていいすぎだとおもいます。マンボウの石うすもちょっとかわいそう!

先生より

学名は、世界共通の名前で「ラテン語」という言葉でつけられているよ。日本の和名とも少し違うからおもしろいね!

さくいん

【哺乳類】

【昆虫類】

【爬虫類】

【魚類】

【鳥類】

【甲殻類】

【貝類】

【軟体動物】

【ザリガニ類】

【有櫛動物】

【刺胞動物】

〔参考文献〕

『日本動物大百科』シリーズ（平凡社）

※その他、さまざまないきもの関連の書籍やサイトを参考にしています。

どんまいないきものたち、どうだった？

理不尽なことがあったり、惜しかったりしても、
いきものたちのその生態には何か意味があるのかも!?
いきものたちはみんな前向きだからね！
だから、みんなも嫌なことがあっても
ガックリしないで大丈夫だよ！

もし、くじけそうになったら
この魔法の言葉を言ってみよう！

【監修者】
今泉忠明（いまいずみ・ただあき）
哺乳類動物学者。1944年、東京都生まれ。東京水産大学(現・東京海洋大学)卒業。国立科学博物館で哺乳類の分類学・生態学を学ぶ。文部省(現・文部科学省)の国際生物学事業計画(IBP)調査、環境庁(現・環境省)のイリオモテヤマネコの生態調査などに参加する。上野動物園の動物解説員、静岡県の「ねこの博物館」館長。主な近著・監修書に『超危険生物スゴ技大図鑑』(宝島社)、『おもしろい!進化のふしぎ ざんねんないきもの事典』(高橋書店)、『泣けるいきもの図鑑』(学研プラス)、『恋するいきもの図鑑』(カンゼン)などがある。

【STAFF】
［イラスト］ 鮎
（P.24、P.28～P.40、P.56、P.72、P.88、P.92～P.100、P.104～P.106、P.110～P.124、マイコイラスト）
かなンボ
（P.10～P.22、P.44～P.54、P.60～P.70、P.76～P.86、P.102、各章背景イラスト）
［装丁・デザイン］ 粟村佳苗（NARTI;S）
［DTP］ G-clef
［文］ 手塚よし子（ポンプラボ）
［編集］ 宮本香菜、佐々木幸香

それでもがんばる!
どんまいないきもの図鑑

2018年7月9日 第1刷発行

［監　修］ 今泉忠明
［発行人］ 蓮見清一

［発行所］ 株式会社宝島社
〒102-8388 東京都千代田区一番町25番地
TEL:03-3234-4621（営業） 03-3239-0928（編集）
http://tkj.jp
［印刷・製本］ 日経印刷株式会社

ISBN 978-4-8002-8506-5